探索未知 改变世界

科学大爆炸

疯狂的天气

气象与气候

疯狂的天气

气象与气候

[美] MK · 里德 文 [美] 乔纳森 · 希尔 图
李凌翔 译

贵州出版集团 贵州人民出版社

谨以此书献给本地各大新闻站，在此特别致谢KGW电视台的马特·扎菲诺，此人可说是波特兰地铁片区最杰出的气象学家。

——乔纳森·希尔

本书插图系原文插图

版权合同登记号 图字：22-2022-041

审图号 GS京（2022）0879号

图书在版编目（CIP）数据

疯狂的天气 ：气象与气候 / （美）MK·里德文 ；（美）乔纳森·希尔图 ；李凌翔译. -- 贵阳 ：贵州人民出版社，2022.10（2024.4 重印）
（科学大爆炸）
ISBN 978-7-221-17295-2

Ⅰ. ①疯… Ⅱ. ①M… ②乔… ③李… Ⅲ. ①气象学－少儿读物②气候学－少儿读物 Ⅳ. ①P4-49

中国版本图书馆CIP数据核字(2022)第163845号

KEXUE DA BAOZHA
FENGKUANG DE TIANQI：QIXIANG YU QIHOU
科学大爆炸
疯狂的天气：气象与气候
［美］MK·里德 文 ［美］乔纳森·希尔 图 李凌翔 译

出 版 人 朱文迅 策 划 蒲公英童书馆
责任编辑 颜小鹏 执行编辑 肖杨洋 装帧设计 曾 念 王学元 责任印制 郑海鸥

出版发行 贵州出版集团 贵州人民出版社
地 址 贵阳市观山湖区中天会展城会展东路SOHO公寓A座（010-85805785 编辑部）
印 刷 北京利丰雅高长城印刷有限公司（010-59011367）
版 次 2022年10月第1版
印 次 2024年4月第4次印刷
开 本 700毫米×980毫米 1/16
印 张 8
字 数 50千字
书 号 ISBN 978-7-221-17295-2
定 价 39.80元

前言

天气这东西，有时令人惊叹，有时令人激动，有时令人着迷，有时还有点吓人……甚至有的时候，这些感受会同时向我们袭来！天气晴好的时候，我们可能不会注意它，但当闪电划过天空，或者大风吹得我们的房子嘎嘎作响时，它就成了我们唯一关注的事情。

在我7岁那年，我第一次见识到了天气的威力。那是个温暖又潮湿的春夜，当时我正在家里看电视。突然，节目被打断了，屏幕上出现了一位一脸严肃的天气预报员，她指着雷达图像上的一团东西，告诉我们，我们的城市即将被龙卷风袭击。你问我害不害怕？当然！但与此同时我也感到好奇。天气预报员怎么知道龙卷风要来了？既然她知道龙卷风要来，怎么还能这么冷静呢？我急忙跑去告诉爸妈，龙卷风快来了。我瞥了一眼翻滚的乌云，就在那时我打定主意，一定要弄明白龙卷风是怎么回事。后来，我对其他关于天气的事情也产生了兴趣，凭着这股子兴趣，我大学读了气象学专业，还参与了有关强风暴的研究。可以说，那个乌漆墨黑、狂风呼啸的晚上，是我人生的大转弯！

尽管如今大多数时候，我都在写关于气象和气候的书，但我也曾为了研究项目，用一整个夏天去追踪观察科罗拉多州东部的雷暴（不是山里，而是在北美大平原地区奔走）。当时，我们的任务是用文字记录风暴的状态：是下雨还是下

冰雹？或许有时，还会生成旋风。我们把这些情况记录下来，汇报给国家气象局（美国），国家气象局就能根据我们提供的资料，调整新型多普勒雷达系统。能亲自见证大气的威力真的太棒了！但在惊叹的同时，我也慢慢认识到，预测雷暴的活动绝非易事，置身于这种危险天气中时，连安全驾驶都是大难题。即便是训练有素的专业人员也会在追踪风暴时遇到麻烦。所以，我们还是找一个安全的地点观看大自然为我们呈现的这场壮观的“天空秀”吧。

天气最棒的一点——它是免费的！不用额外的设备，我们只需调动感官，便可以感受到大气的魔力。即便没有气象站，你也可以拥有一本“气象日记”，只要每天都把你看到的、听到的和感受到的东西记录下来：有时空气如同又软又暖的毯子，裹住我们，有时却又仿佛化成无数根针，要刺穿我们的皮肤；风可以在我们的耳边吹出轻柔的哨声，也可以发出刺耳的尖叫；天空中的云彩、光线和纹理永远在变化。

天气的变化无时无刻不呈现在我们眼前，但大气还是那么神秘、难以捉摸。翻开这本书，你会看到这些年来，科学家们在气象方面的研究内容，比如：为什么一年会有四季，为什么天上会下雨下雪，风是怎么吹的，科学家怎么给飓风起名字，为什么EF5级龙卷风要比EF1级龙卷风可怕得多，等等。飓风和龙卷风真的很可怕，还好我们有雷达、卫星以及其他强大的工具，有了这些工具，我们就可以在安全距离追踪这些疯狂的天气。在这本书中，你能看到国家气象局的天气预报员“风暴”诺曼·韦瑟比，他努力工作，以确保我们能及时收到预警，知道危险的风暴何时到来。未来，电脑程

序让我们可以运用更多的技术来分析大气的活动，从而推算出更久之后的天气，做到有备无患。

除此之外，许多大气科学家还在密切关注着另一件事——温室气体对天气和气候的影响。每当我们燃烧煤炭、石油或天然气时，产生的温室气体也随之进入大气。温室气体越积越多，全球气温就会随之升高，雨也会下得更大。随着时间推移，不断变化的气候究竟会给我们的生活造成怎样的影响？我们要如何适应这些变化？以及，我们该怎么做，才能降低温室气体的聚积，从而限制大气的种种变化呢？

答案是，我们每个人都要行动起来！这个世界需要很多掌握不同技能的人，需要有人去对气象和气候进行分析、研究，也需要有人来保证民众的安全，推广、普及关于气象和气候的信息和知识。如果你对计算机算法有兴趣，就可以帮忙编写计算机程序，协助追踪气层活动，预报接下来会发生的变化；如果你对数学和物理痴迷不已，就可以加入科研队伍，成为一名研究员，去调查那些关于大气的未解之谜；你也可以成为一名工程师，设计下一枚气象卫星！你喜欢团队合作吗？我们需要在世界各地组织大型的科研项目，帮助人们转换更清洁的能源；如果你愿意给人答疑解惑，可以写一些文章，让人们更好地理解气象和气候的科学原理。你甚至可以通过电视屏幕或手机屏幕预报天气，就像“风暴”诺曼一样！

气象学是值得我们用一生去喜爱和学习的东西。有个叫理查德·亨德里克森的人，他从18岁一直到101岁都在追踪纽约长岛的天气变化，这份工作他做了80多年！还有成千上万像理查德一样的志愿者们，他们每天都会把收集到的种种气象数据汇报给气象局。所以，不管大家以后会成为科学家、志愿观察员，还是业余爱好者……我，理查德·亨德里克森，都真心地希望大家能和我一样，在抬头看向天空时，感受到天气的精彩和美妙。

——理查德·亨德里克森　气象学家、科学作家
《今日气象》共同作者、《思考者的气候变化入门读物》作者

①三州地区：纽约州、新泽西州、康涅狄格州。

没错！
今晚，大雪即将掩盖
三州地区！

各大超市已被围得水泄不通，市民们纷纷为即将到来的大雪做囤货准备。这场大雪可能1天就结束，也可能持续2—3天！

现在，有请“风暴”诺曼为我们介绍此次大雪的详情。

感谢两位主持人。
我们预测本次降雪，市区的降雪量将达到15—30厘米，北部城区的降雪量可能达到45厘米。
18—45cm
15—30cm

看来，明天一些企业必须得停止办公了。并且我预测，本地区的学校明天有99%的概率会放“雪假”。

哦！诺曼！听你这么说，我可真高兴！

哈哈“全球变暖”那么多，凉快一下！

气得发抖……

别胡闹，
蔡斯！
全球变暖
可跟你想的
不一样！
新闻
频道
6

喂！诺曼，我只
是想接下话……

我做了40年的
天气预报，我说的话你没有
一次能听懂！！！
新闻
频道
6

诺曼，
这可是现场
直播！
我知道！！！

蔡斯，你听好了，
全球变暖可不意味
着天气就不会变
冷！它不会阻止
季节更替！！！

蔡斯，你是个成年人，这点常识总该有吧？

看清楚了，我有型男模特学校的认证，我主修的是播音专业！
播音主持
毕业证书

再说了，我知道那么多东西干吗？我是新闻主持人！

那我还有硕士学位呢，凭什么我不能给你解释气候变化！！！

那可太好了，既然你学识这么渊博，那你来主持？！
好呀，蔡斯，我来主持！

泰瑞，这台电脑上有个名字叫“诺曼-中学教案”的文件夹，里面有相关图片！

真是遗憾，你又错了，这跟流星没什么关系。人们一直都在试图预测天气，天气预报甚至比柏拉图和亚里士多德这些古希腊哲学家的历史还要久远。

①气象学Meteorology一词中的meteor有“流星”的意思。

①圣艾尔摩之火：一种自然放电现象，常发生于雷雨天，在如船只桅杆顶端一类的地方产生火焰般的蓝白色闪光。

虽然现在的人们不再以这种方式看待事物，“象”这个字保留在了“气象学”这个词里。

啊，知道这些之后，我再去“中食记”餐厅就有话可聊了。
“中食记”就是401街上那家复古主题餐馆，那儿有全城最好吃的羊腿！

这榆木脑袋！

我们可以继续了吧？气象学研究的是日常的天气变化，但还有另一门学科，叫“气候学”，专门来解释长期的综合天气变化。

全球变暖这种现象是指地球大气平均气温上升，并逐渐显示出……
等等！等等！

什么是大气？

怎么了?
天啊。

对你来说
是不是太复杂了,
蔡斯?
是的!
太复杂了!
新闻

那我们先
同步一下。我们
居住的星球
叫什么?
地球!

好!那么,
为地球提供热量的
那颗恒星,就是天空
中的那个大黄球,
叫什么?
呃……
太阳。

答对了!太阳和
地球在哪里?
宇宙中?

真棒,你回答
问题的速度几乎赶
上初中生了!

有一层气体包裹着地球，将我们与太空隔开，这个气体层就是“大气”。
大气又可以分为好几层，不过大多数的天气现象都发生在对流层，因为对流层离地球最近。
对流层上面是平流层（人们常说的臭氧层就在平流层中）。从热层开始，大气开始变得越来越稀薄，直到消失殆尽，便到了外太空。
其实宇宙中也有气体，只不过浓度很低。
散逸层
热层
中间层
平流层
臭氧层
对流层
大气分层结构示意图

除了地壳之外，其他层依次是地幔、外核及内核。但是这些对天气变化的影响没那么大。

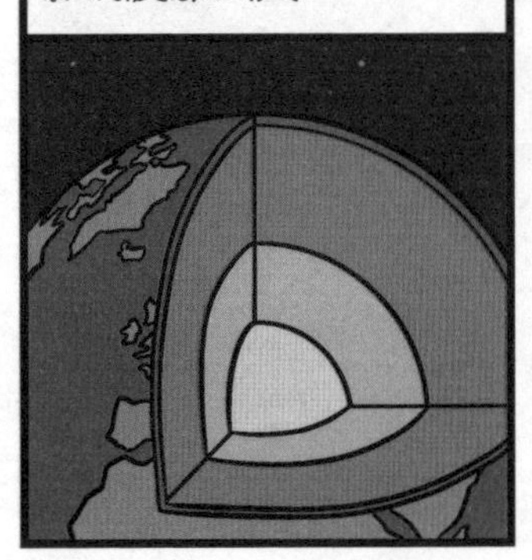

尽管地幔和地核
也会散发热量，但让地
球保持温暖的能量主要
来自于太阳。

太阳就像一个“原子能大火炉”，为整个太阳系供热。

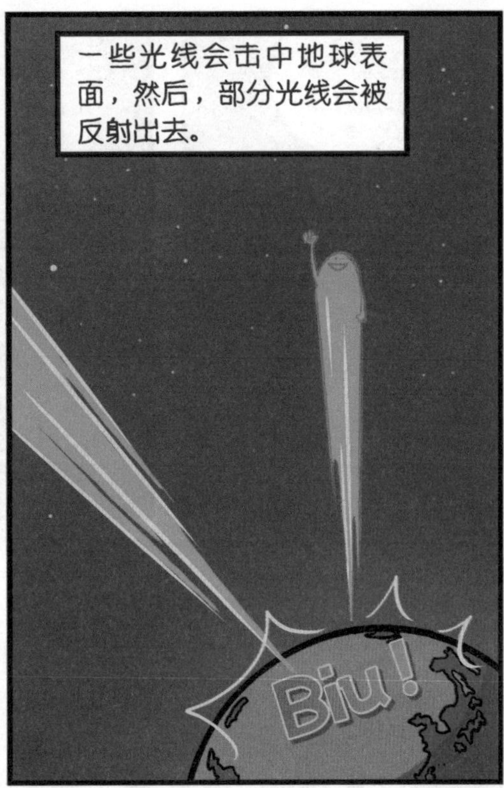

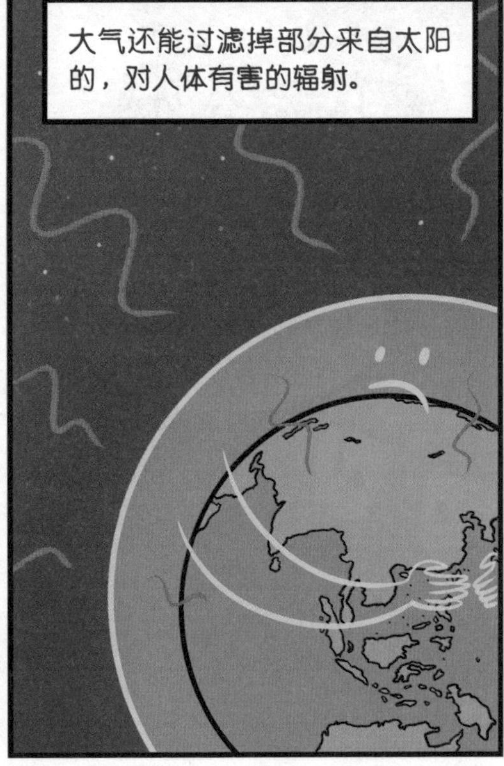

以上均为太阳辐射能示意图

如果说大气将热量留下了，那地球怎么还会变冷？

地球的季节性温度变化，与地球的运行轨道有关。

现在你来扮演地球。
怎么扮演？

现在开始自转。
啊啊啊啊！

不过，地球的自转轴是倾斜的，这一点你的转椅可做不到。
咔哒！

哇哦！

现在，你就是地球，你要沿着这个方向自转。在一整年中，你的轴心，也就是“自转轴”，会始终指向同一个方向。

如果康妮是太阳，你一年中的旅程从这里开始。在冬天，地球的自转轴顶部会远离太阳。
而到了春天，你到了这儿，你的自转轴指向你来时的方向。
夏天，你在这儿，现在，你的自转轴指向太阳。
秋天到来时，你会重新向起点的位置移动。
新闻频道

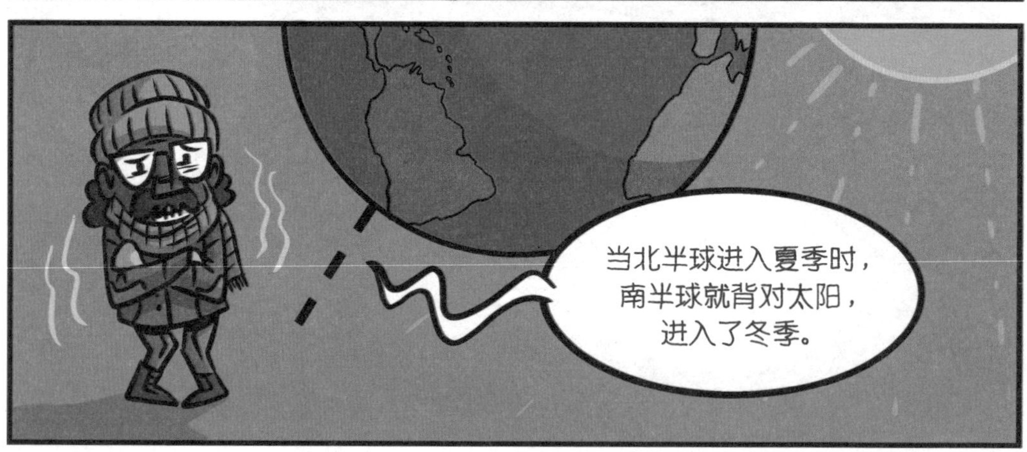

以上均为地球自转、公转运动方向示意图

所以，冬天总是会更冷吗？

对，地轴的方向也会旋转，但是它完整地转完一圈需要26 000年。所以，至少在我们有生之年，冬季还是一直会从12月开始。
26 000 年
地球自转、公转运动方向示意图

现在说回地球的自转！
我还要接着转吗？
别了……我怕你转晕了吐出来。
新闻

自转时间到！
你的胳膊可以放下来了。

不过，记住这种感觉，因为等下我们还要讲到关于“转”的事。

没错！美国人习惯使用华氏度（°F），但是，在其他国家和科学界，则更习惯使用摄氏度（℃），因为当涉及到水的冰点时，使用摄氏度会更容易计算。

比如说，你家外面有一处水坑。

水坑里的液体就是水。水是地球上最常见的液体。地球表面大约71%的面积都被水覆盖。

水坑会干涸。液态水会蒸发掉，也就是说水从液态变成了气态，就是水蒸气。

但是，如果室外温度降到了冰点以下，那么水坑就会结冰。
咔
咔

大多数物体遇冷都会收缩，但是冰的特殊结构却能使它膨胀。

如果我们把装满水的瓶子放进冰箱冷冻，过段时间再看，你会发现瓶子里的冰把瓶底撑得鼓了起来。

那冷冻汽水怎么不会鼓起来？
新闻

当然会，如果冷冻汽水，汽水里面的气体可能会让瓶子爆炸。
？

我一直都直接冷冻罐装汽水。
求你了！别再冻汽水了！

？
天知道那冰箱多难清理。

克雷格，
对不起！

汽水炸得
到处都是！

要不咱们还是讲
回天气吧……
好，接着
说温度。

冰和水都是可见的形态。
大多数时候我们看不见气态
的水，但也能从身边的空气
中感受到它的存在。

和人类一样，
空气中的分子也
会因温度的变化
而做出反应。

温度低时，
分子会运动得慢些，
彼此靠得更近。
冷……
冷……
冷死了……
抱紧我！

温度高时，
分子会加速运动，
远离彼此。
太热了，
别碰我！
离我
远点！

热空气密度更小，所以升了起来，而冷空气则会下沉。

热空气流动时，冷空气就流动到热空气刚刚离开的区域。

这种运动会循环往复。

是的，从原子的层面来说，热能是让电子运动加速的真正能量。

阳光释放热能，剩下的就取决于能量到达地球的哪个区域，各区域接收的能量总量将会……

陆地往往比水升温快。
啊哦！
啊哦！

噫！
冷冷冷！

不过，热量最终
还是会抵达至水下
一定的深度。
啊，温度刚好！

在赤道附近的热带
地区的水域，海水升温后会
流向南北半球，分别去往
南极或北极。
随后，南北极
温度较低的海水
会流向温度更高
的赤道。
洋流分布示意图

山顶的温度比海平面低，这是因为山顶在大气中的位置更高。

山脉还能形成物理屏障，让风从山间的通道穿过。

雪，还有别的表面呈白色的物质会反射阳光，阻挡了地面吸收更多热量。

人造工程改变了地面的温度，比如建筑和马路等，尤其是容易吸热的黑色沥青路面。

洞穴内总是很凉爽，
这与地面升温有关系。
温差导致洞内外的
气压出现差别，洞口处
就会产生微风。

等会儿，
倒个带。
气压是什么？

气压就是因为
地心引力而压到我
们身上的所有空
气的重量。

我们不常注意到气压，
因为它看不见摸不着。
但事实上这种压力却时
刻影响着我们。

就像成
名的压力
……

这就像你走进
海里的感觉。在海面，
你能感受到的水压
很小很小。
随着你进入
更深的地方，你
的头顶上就有更
多的水。
当你到达海底时，
头顶上就会有超级多
的水压着你。

现在回到陆地上。在海平面高度时，我们感受到的气压最大。
我们爬得越高，压在身上的空气重量就越少，这时，我们得想办法调整耳压，让耳朵舒服一点。
到了山顶，因为我们在大气中的位置变高，气压就更低了。低处压力较大，水不容易变成气体，而在高处，水分子承受的压力变小，水会更快地沸腾，变成气体。
如果我们去更高处，进入太空，在那里，飞船外面就几乎没有气压了。

有些人攀岩时，爬到一定高度后，身体会肿起来。他们就得原地休息，在适应气压后，再继续攀登。

我们能走到海底吗？

不行。先不说人在海底无法呼吸，光是海水的压力就能把人压扁，那会很可怕。

进行水肺潜水时要注意，上浮的速度不能太快。因为如果上浮时水压迅速地减小，原本溶解在人体中的气体就会聚集成气泡，身体会出现问题。

现在，你该搞懂气压是什么了吧？那咱们就接着讲空气是如何流动的。

先从温度不同的气团说起。
丛林大气杯
拳王争霸赛
冷风VS热气
热气
VS
冷风

当两股温度不同的气团相遇，密度更大的冷气团会下沉，密度较小的暖气团会上升。这两股气团开始相互作用时，就形成了一个低压区。
热气
冷风

两股气团交锋时，会出现低气压并带来暴风雨。低压过后，会是随高气压而来的风平浪静。
冷风

冷暖气团之间不需要巨大的温差，只需相差1—2℃，它们就能搞出大动静。

空气会从高压区向低压区流动。空气在高压点和低压点之间流动时，就产生了风。

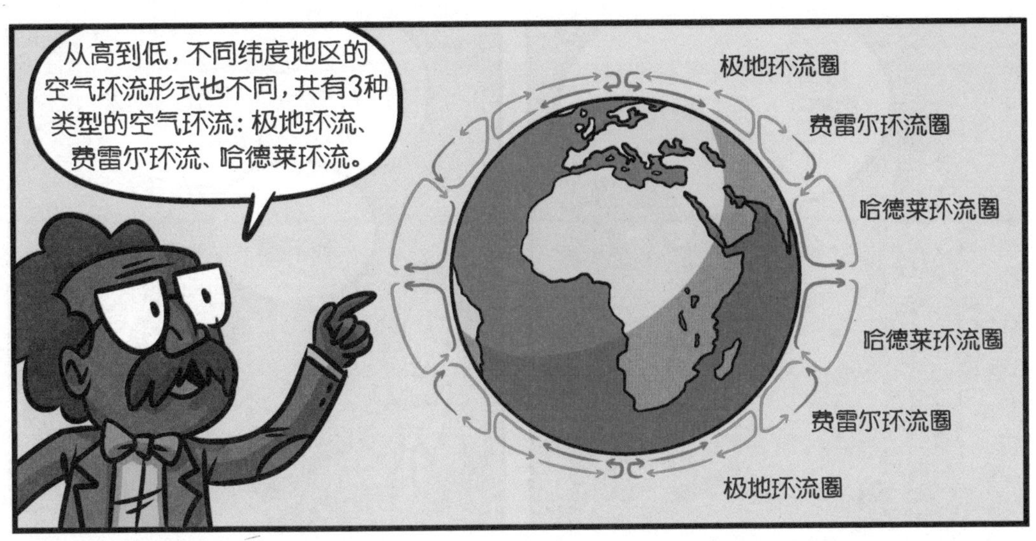

以上均为大气环流示意图

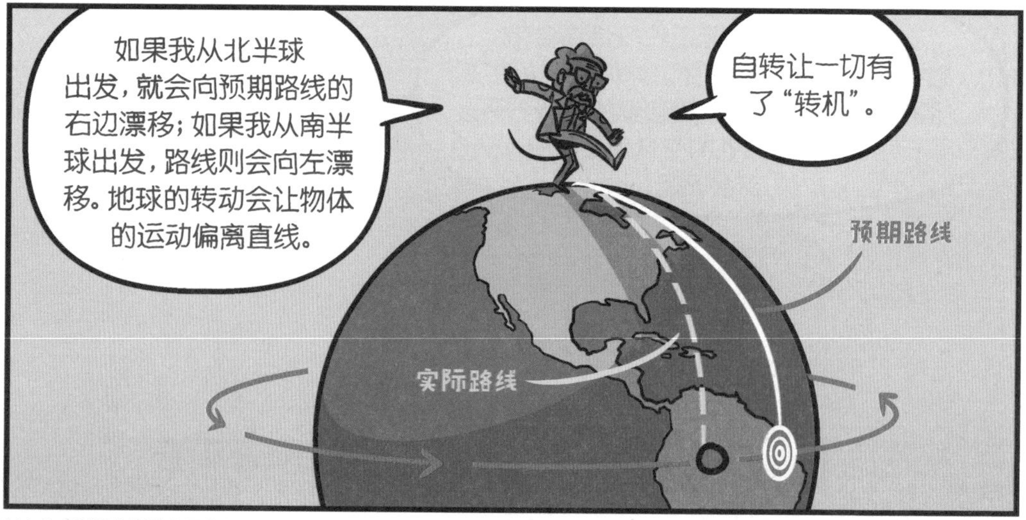

以上均为科里奥利效应示意图

冲马桶时，水会转圈，这种现象也是因为科里奥利效应？
算是吧，
马桶里的水怎么打转也与马桶的形状和设计有关。很多排水口过小的马桶就不会出现这种现象。

不过对气象来说，科里奥利效应的影响是恒定的、可预测的。如果从赤道出发向北，就会向东偏移；从北极出发向南，就会向西偏移。
赤道

从赤道向南出发，就会向东偏移；从南极向北出发，就会向西偏移。
赤道

空气团时刻受到科里奥利效应的影响。与环流圈对应的风便是根据方向来命名的。
极地东风
盛行西风
东北信风
东南信风
盛行西风
极地东风

在环流圈之间还有一股狭长气流环绕着地球，这些气流就是急流。冬季，北极聚积的冷空气越来越多，急流就会向南移动。夏天，急流又会撤回北方。不过，理论上来讲，急流可以往各个方向移动。

在海洋中，有一条固定的路线将温暖的海水从赤道地区输送到南北两极。举例来说，墨西哥湾暖流就是通过大西洋，将温暖的海水从墨西哥湾和热带地区一路输送到不列颠群岛。
大西洋
墨西哥湾

冷水会沉到温水的下面，再返回南方。

说到副热带高压带，那里有很多大沙漠。撒哈拉大沙漠、喀拉哈里沙漠、叙利亚沙漠、阿塔卡马沙漠、莫哈韦沙漠和索诺拉沙漠都在这一区域。

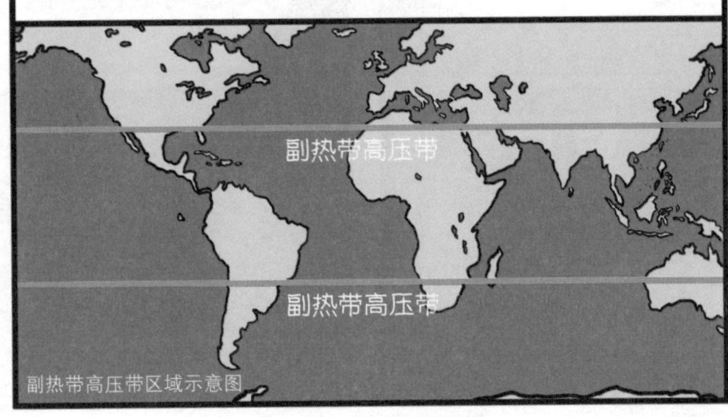

副热带高压带区域示意图

现在来讲“锋”
这个概念，锋又分为
冷锋和暖锋。

冷锋、暖锋行进示意图
在天气预报中，冷锋用蓝色
三角表示，暖锋用红色半圆表示。
锋面向哪个方向移动，图案就指
向哪个方向。

冷暖空气相遇时不会混在一起，而会在
交接处形成一道缓坡，暖空气从冷空气
的上方向上滑过，就形成了暖峰。
暖空气
冷空气

冷空气主动向暖空气猛烈
碰撞，迫使暖空气上升，就
形成了冷锋。
冷空气
暖空气

通常，暖空气中含有的水蒸气更多。当暖空气上升时，水蒸气会冷凝成雨水，所以暖锋形成的云总是绵绵不断地下着细雨。
书店

而冷锋则会带来大雨和猛烈的风暴。
书店

有时，冷锋追上了暖锋，就会形成锢囚锋。锢囚锋也会产生厚重的云层和暴雨。
书店

说对了！暖空气上升，制造出一块真空区域，这块区域会抽走周边的空气。就好像用吸管吸水时，吸管内部的气压降低，水就会被吸起，并流向气压更低的地方。

由于科里奥利效应会让旋转发生偏移，于是，暖空气就会围绕一个中心，在北半球逆时针旋转。

没错！和低气压区相对的就是高气压区和反气旋……
又来啦……

又是下沉，又是反方向什么的，无聊透顶，我才不想听。还是龙卷风有意思！

诺曼，蔡斯说得对，讲点刺激的东西吧！
知道啦，我马上就要讲到龙卷风啦！

快点讲啊！我们在这场大雪期间有没有可能碰上龙卷风？龙卷风有多快？你觉得我跑不跑得过龙卷风？我上高中时可是校田径代表队的！

首先，龙卷风在晚春和夏季更常见，所以，在最近这段时间，我们可能碰不上龙卷风了。
哼！

说到龙卷风有多快，我们通常会讲龙卷风内部的风速。

风只是朝着一个方向直直地吹就能制造很多麻烦了。
如果风速不到16千米/小时，你是察觉不到什么动静的。
风速达到56千米/小时，树会晃来晃去。
风速达到64千米/小时，车都会被吹偏。
风速达到72千米/小时，走路都很难。
风速达到80千米/小时，大风能掀起屋顶……
NEWS

风速达到24千米/小时，报纸会被吹走，还会扬起沙尘。
时报
风速达到40千米/小时，就很难打伞了，垃圾桶也会被吹倒。
风速达到105千米/小时的话，各种被吹得到处乱飞的东西会把房子砸坏。
风速达到88千米/小时，树就被吹倒。

改良藤田级数	
EF0	105—137千米/小时
EF1	138—178千米/小时
EF2	179—218千米/小时
EF3	219—266千米/小时
EF4	267—322千米/小时
EF5	风速高于322千米/小时

EF1级

138—178千米/小时

EF2级

179—218千米/小时

①译者注：藤田级数是龙卷风强度分类等级，1971年由芝加哥大学的藤田哲也博士提出。2007年2月以后，美国开始正式采用更新后的改良藤田级数。

EF3级龙卷风会
粉碎墙壁，翻转火车，
把重型汽车卷上天。
EF3级
219—266千米/小时

EF4级龙卷风的
威力能重现《绿野仙踪》
的场景，龙卷风会把房子
吹离地基或者完全摧毁，
甚至能翻转拖挂卡车。
EF4级
267—322千米/小时

EF5级龙卷风太过强悍，连树皮
都会被它扒下来。小汽车、大卡车、重型
农业设备甚至是油轮都会被吹翻！即便
再坚固的房屋都难逃厄运。如果途经
城市，这样的龙卷风能摧毁几个
街区的房子！
EF5级
风速高于322千米/小时

你现在还觉得自己逃得掉吗？
不知道，我跑得挺快的……

龙卷风可能会持续1分钟，也可能是1小时，所以说不准要跑多远才能逃脱。而且，龙卷风不总是走直线。

龙卷风最大的危险在于它会把许多东西吹到天上。龙卷风来袭时，最大的危险是被飞来的东西砸中，而不是你自己飞上天。
铛！

当收到龙卷风警报后，你应该躲进没有窗户的房间，这样，就没有东西能砸到你。最好躲进地下室或者其他位于地下，有坚固墙壁的地方。如果没有地下室，至少要远离窗户，待在房屋的正中心。

如果龙卷风来临时你刚好在开车，不要下车，系好安全带，尽可能驶离龙卷风的行动路径。

飓风呢？飓风没有那么可怕吧？

飓风有时比龙卷风更可怕！

飓风在一些地方也叫台风，它属于热带气旋。飓风跟龙卷风一样，也有低压的中心，但是飓风在海上形成，通常在夏末出现，那时的海洋最温暖。

和飓风比起来，龙卷风影响的区域很小。龙卷风袭击城镇时，只有它途经的街区会受到严重的影响，隔壁街区可能只会受到轻微的破坏。

从19世纪50年代开始，在发布飓风即将来临的新闻预警时会给飓风起一个名字。这样做的目的是为了弄清楚哪一场飓风即将到来，哪一场飓风已经经过。

我倒希望
有命名飓风的
权力。

世界气象组织有一个名单可供
选用，通常来说，名单上的风暴名
称每过六年就会从头循环使用，除
非某次风暴特别致命，那它就会遭
到除名，即这个名称专门用来指
代那次致命的风暴。
可以
加入新的
名字？

如果世界气象组织
哪一年需要换掉一个以C
打头的名字，或许会考虑
把蔡斯加到名单中。

不过，你得先
认识世界气象组织
的大人物才行。

不过，1955年确实有个叫
“康妮”的飓风，这是个4级飓风，
一路从波多黎各北上吹到加拿大。
康妮这个名字刚刚进入名单满
一年就遭到除名。
?!

刚好今天康妮在，
咱们趁这个机会说一
下，飓风康妮夺去了
74条人命。

通过卫星图像，我们就能看到飓风从很远的地方奔来。
飓风示意图

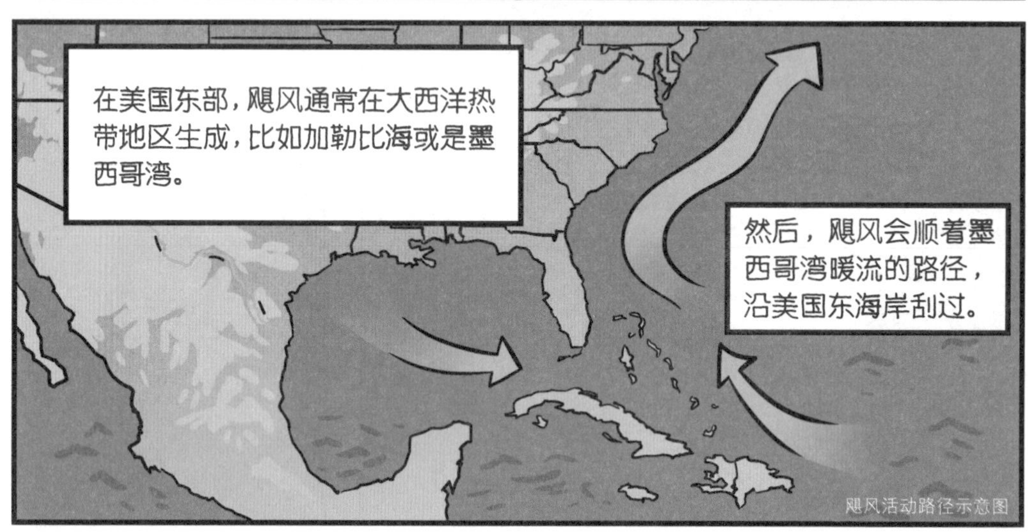
在美国东部，飓风通常在大西洋热带地区生成，比如加勒比海或是墨西哥湾。
然后，飓风会顺着墨西哥湾暖流的路径，沿美国东海岸刮过。
飓风活动路径示意图

和威力更强的龙卷风相比，飓风的风速没那么快，但是它会带来暴雨，还会引发风暴潮。

和龙卷风一样，飓风也有低气压真空区，会吸走真空区周边的一切，如果飓风在海洋上空，就会吸水。

飓风会将海水吸到其底部，然后带着这些水一路走。飓风到达陆地时，会将大量海水带到岸上，这种现象叫“风暴潮”。
潮
就像潮波一般？

不完全是这样。风暴潮造成的水位上涨要比普通的涨潮高得多。飓风也会在海上引发非常高的浪潮。
沿海公路
听起来……有多高？

?!
差不多有奥林匹克运动会的跳水高台那么高……甚至更高！

这还没有算上
飓风带来的大雨，
洪水可不是闹着
玩的……
等等！我是不是
该当心那些被龙卷风吸到
空中的鲨鱼？

你是
认真的？！
当然！
要是遇到鲨鱼旋风
可怎么办？！！

比鲨鱼旋风
更值得你害怕的事多着呢！
而且你根本不用担心
鲨鱼旋风！
确实，飓风有时会把小型水生
生物带到空中，但很少有比青蛙
大的东西能随飓风飞上天。

鲨鱼可比青蛙大多了！
当然，鲨鱼离开水活不了多久。
鲨鱼宝宝也不吗？

鲨鱼宝宝不会飞，不用害怕！

你得给他讲点轻松的，缓和一下。

比如什么事？康妮？
下雨？

雨声能放松人的心情。
！

那个秘密圣诞老人是你吧？送了我一张《奥卡斯和雨》的CD，对吧？
好吧，就讲雨。
就算真的是我，我也会一直保密的。

说到下雨，
就得先聊聊水循环
和水蒸气。
那又是啥？

水分子呈分散
状态时，就是气态的
水，也就是水蒸气。水
循环是一种水有规
律地不断变化的
过程……

液态水蒸发后变成
水蒸气。

水蒸气随暖空
气上升。

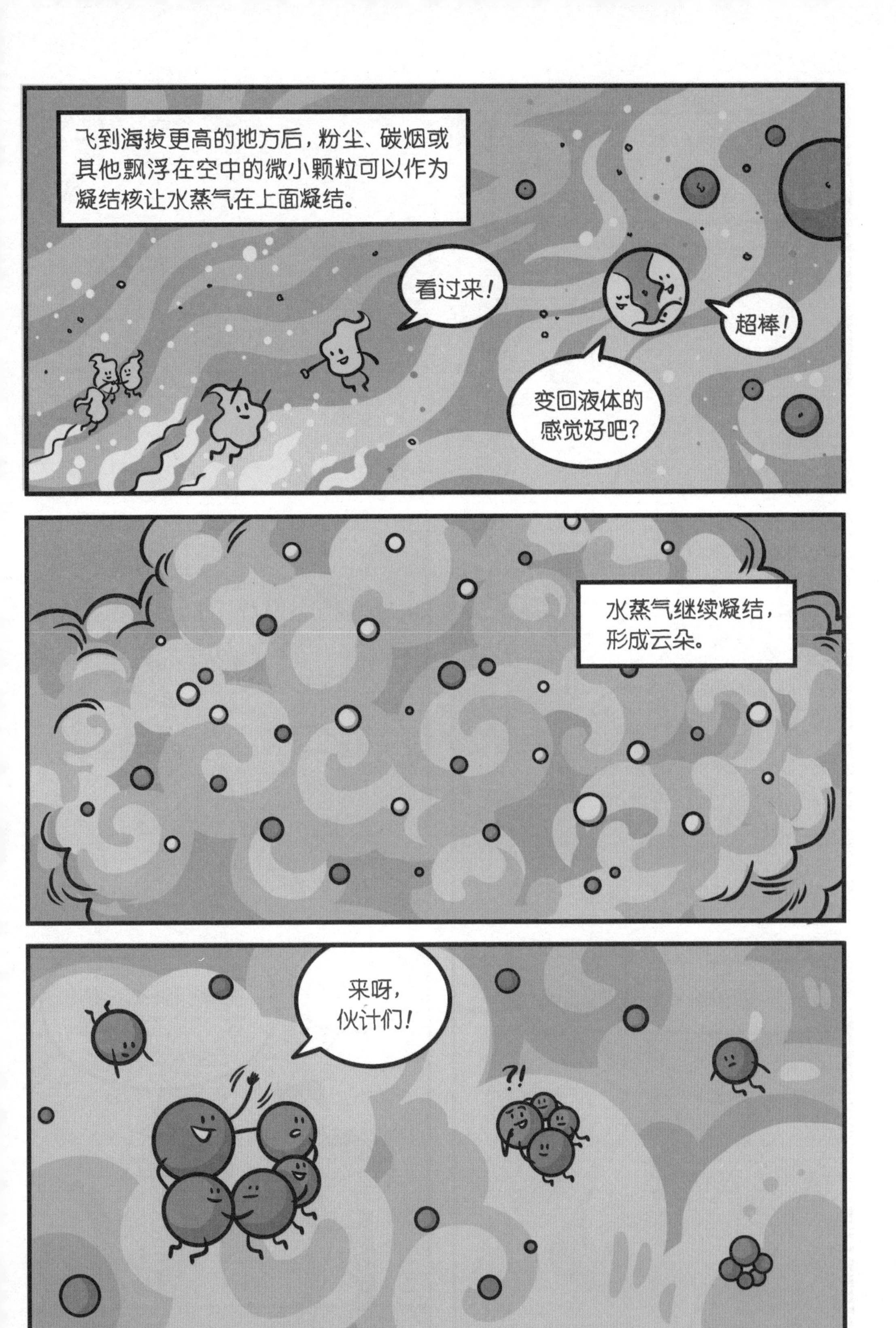
飞到海拔更高的地方后，粉尘、碳烟或其他飘浮在空中的微小颗粒可以作为凝结核让水蒸气在上面凝结。
看过来！
超棒！
变回液体的感觉好吧？
水蒸气继续凝结，形成云朵。
来呀，伙计们！
?!

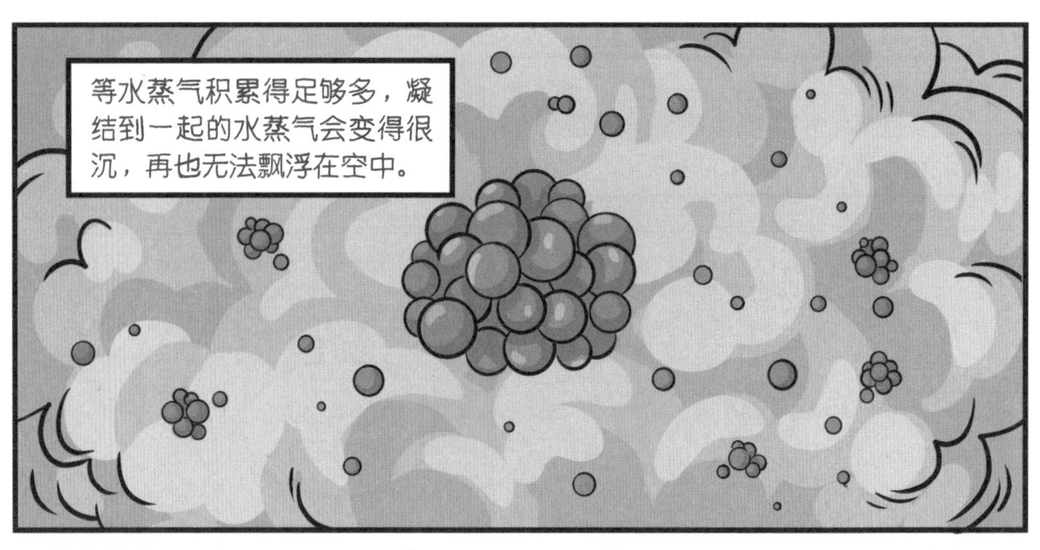
等水蒸气积累得足够多，凝结到一起的水蒸气会变得很沉，再也无法飘浮在空中。

伙计们，我感觉有点不对劲……

这就是降水。

降水？
从云中落下的水有多种形态，雨、雪、雨夹雪或冰雹，这些都是降水。

下雨后，水会重新回到循环中。水从陆地流入小溪、大河和湖泊。

植物会吸收水分滋润自己，然后释放出一些水蒸气。植物将液态水转化为气态并释放的过程叫蒸腾作用。

流入河流和湖泊的水，可供人类或其他动物饮用。

一些水会被土地吸收，进入地下，填充进可以渗透的岩石层，也就是含水层。

留在地表的水最终会蒸发，开始新一轮的水循环。

那雪呢？雪一直留在地面啊。

通常，雪会一直留在地表，直到天气足够温暖，雪开始融化。

雪还会将太阳能反射回去，让地表保持低温。

在一些地方，比如高山或靠近南北极的地区，雪不会融化，而是会堆积起来，最终压缩成冰。

气候学家从这些地方提取冰芯样本之后，就能通过分析冰芯里的气泡，得知多年前的空气成分。

往地下挖得越深，能探查到的冰芯样本年代就越久远。根据气泡中含有的化学物质、花粉跟尘埃就能判断过去的气候情况。

①译者注：麦克劳德（McCloud）的结尾是Cloud，即“云”的英语单词。

贴着地面或离地面较近的“云”就是雾。

密度低的是薄雾，密度大的是浓雾。雾的密度决定了我们究竟能看多远，也就是能见度，或者叫能见距离。

从科学的角度讲，能见度是指我们在日光环境下，以白色为背景看全黑物体的能力。

我们会测量拥有平均视力的人在距离达到多远之后，便再也看不见物体。

霾也会影响能见度。不过，与雾不同的是，霾是悬浮在空气中的粉尘以及其他颗粒物组成的。
我好像认识那个人，那是格雷格？

雾是靠近地面的空气中所含的水蒸气遇冷凝结后形成的。

往大气的更高处走，我们能见到更多种类的云，了解了云的几种类型之后，预测天气就更容易了。

3千米

层云就是分层的云，它看起来就像平坦的灰色被单，可能会在白天带来一些毛毛雨或轻微的降水。它们通常出现在暖锋前方，那里的暖空气正轻轻地升到冷空气上方（云底高度可达2千米）。

层积云和层云相似，但它们不是平的。层积云有波纹状的，也有呈现其他图案的（云底高度可达2千米）。

2千米

1千米

6千米

高层云就是可以遮盖整片天空的层云。有些时候，还能透过高层云看到太阳（云底高度可达2—7千米）。

4千米

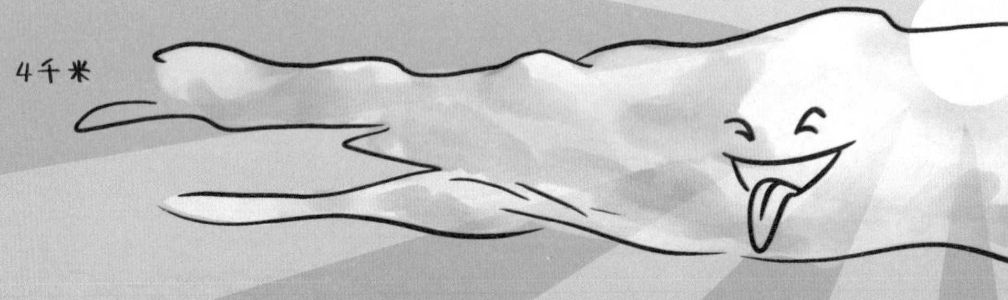

高层云

积云是很小、很蓬松的云。如果天空中只有积云，就意味着接下来几小时天气晴好。不过，积云若是在其他云之下，就意味着第二天可能要下雨。积云在小股暖湿气团附近聚集。如果大部分积云是又白又小的，就不会很快下雨。但如果它们逐渐汇聚在一起，越长越大，变成灰色，就说明要下雨了（云底高度可达2千米）。

2千米

积云

更高处还能见到高积云。高积云往往整片地出现，由一堆小团块汇聚而成。也可以说，高积云就是很多的小小云朵（云底高度可达2—7千米）。

高积云

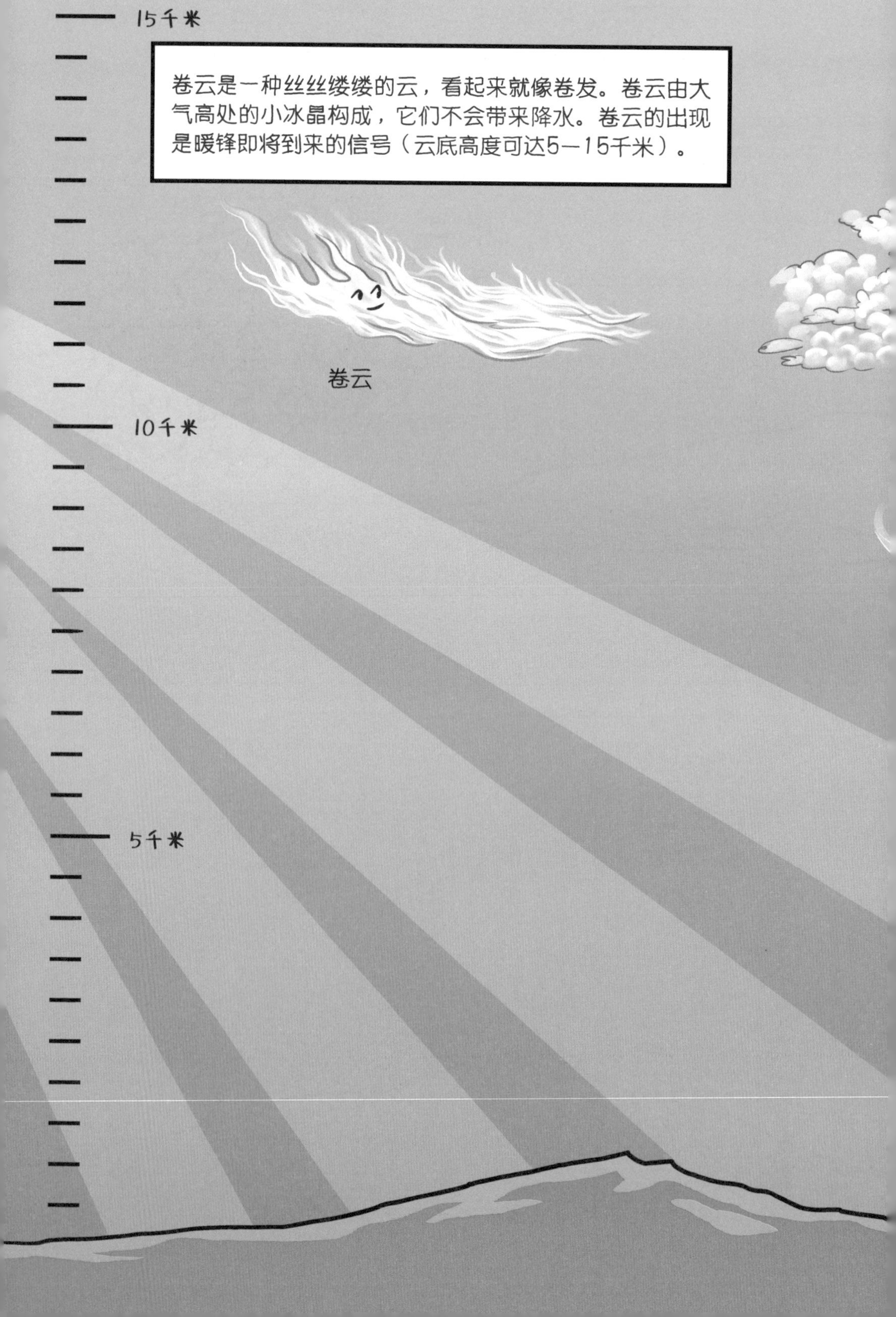

15千米

卷云是一种丝丝缕缕的云，看起来就像卷发。卷云由大气高处的小冰晶构成，它们不会带来降水。卷云的出现是暖锋即将到来的信号（云底高度可达5—15千米）。

卷云

10千米

5千米

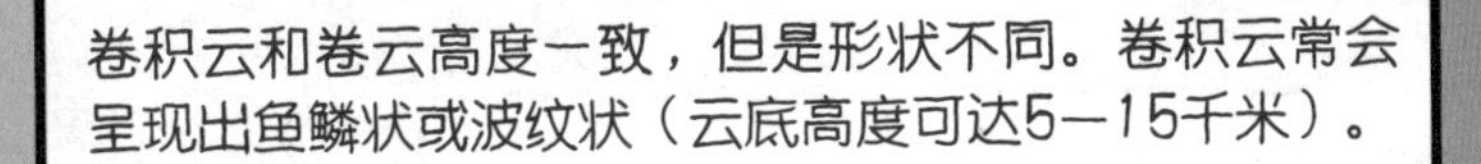

卷积云

卷层云是覆盖天空的缕缕冰晶组成的云层。卷层云身处高空，虽然看着很像普通的卷云，但是它覆盖的范围比卷云大得多（云底高度可达5—15千米）。

卷层云

3千米

还有两种雨云，如果天空中出现积雨云和雨层云，就意味着这些云要搞出一些大动静了。

20千米

积雨云甚至能飘到十几千米高的对流层顶，也就是对流层与平流层相会的地方。积雨云到达对流层顶后会延展开来，形成一个指向前进方向的铁砧形状。当我们看到积雨云，就能知道风暴要来了。不久，大雨甚至雷暴也会随之而来。

积雨云的云底最低高度约为0.21—3千米，最高则可达到12千米，一些极端个例甚至可以超过21千米！

在一些适当的条件下，云层刚开始下雨，雨水还没落到地面之前就蒸发了。这种云就叫幡状云。在沙漠这种空气干燥的地区，就有可能出现幡状云。

你刚刚一直说“降水”，我看你就是在卖弄吧？诺曼！说“雨水”就好了，像个正常人一样！

降水可不一定都是雨水，蔡斯！因为云里发生的事不一样，降水的形式还可能是雨夹雪、冰雹或是雪。
这些是水全部冰冻或部分冰冻后的形态。

从水分子在云中聚合到它们落到地面，这个过程中会发生很多事情。
毛毛雨
雨
雪
雨夹雪
冰雹
雷雨

上升气流是云内较为温暖的空气，它会将降水重新上推。正因如此，冰雹就会再穿过冰凝结的地方，每经过一次，冰雹都会变得更大。

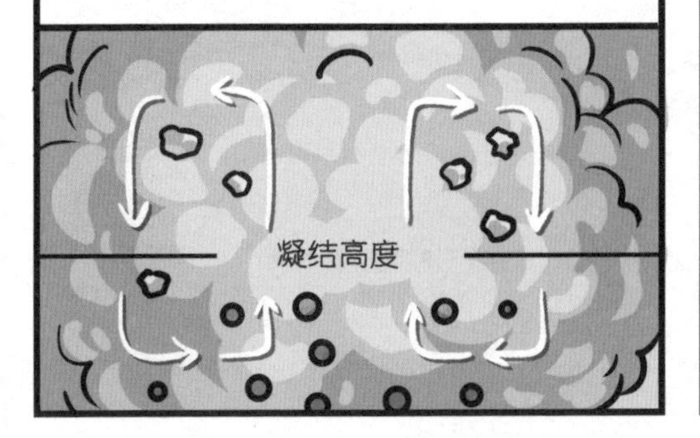

有些时候，冰雹颗粒会在上升气流和下沉气流中反复流转，这样，冰雹在落下来之前就已经很大了。

我们在谈论冰雹的大小时，常会说有花生那么大或者高尔夫球那么大，但其实有时候，冰雹能有棒球甚至是柚子那么大。

其实冰雹并不会像球那么圆，但是说起冰雹，我们还是会采用容易联想的东西来举例，而不说“这个冰雹的最大直径有20厘米”。

雨夹雪是雪结晶落入温度高于冰点的空气中部分融化后，又被接近地球表面的冷空气二次冷冻而形成的小冰粒团。

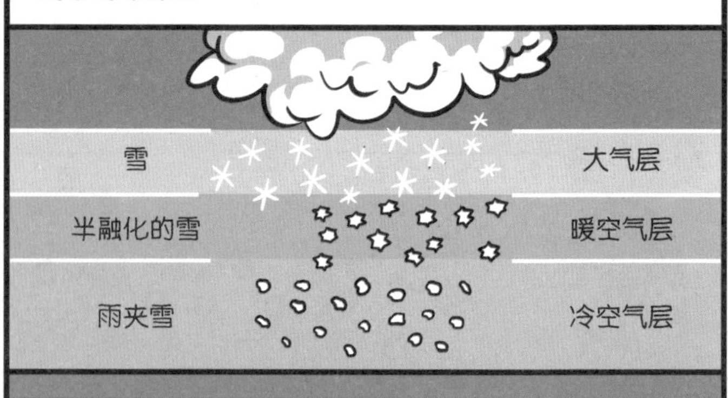

雪就是水蒸气结晶。
冷空气中的水蒸气凝结后，在下降的过程中全程保持冰冻状态，雪就形成了。

那暴风雪呢？诺曼，这场大雪算是暴风雪吗？
20XX年的超级大雪！

要被认定为暴风雪的话，必须要有持久或有规律的阵风，且平均风速必须保持在56千米/小时以上，能见度也要至少连续3小时降至400米以下。
限速
56km/h

我不觉得城市里的大雪能达到这种程度，但是更偏远的地区，尤其是靠近山脉的地方，可能会受到较为严重的影响。

雪花确实有一些特定的形状。不过，从分子结构的层面来看，雪花形成时总会有些区别。据估计，一片雪花中的水分子数量多达10^{19}个。这么多的水分子，排列的方式当然有无数种。

我们可以大致预测明天特定地区的情况，但是很难做到精准，时间越远，难度越高。随着时间推移，测量数据的微小误差都会成倍放大，最终会让计算机的预测远离正确结果。

我能告诉你，明天的降雪量为15—30厘米，但我无法确定明天究竟下多少雪，因为我无法测量云里到底有多少凝结的水珠，也不知道城内的微气候对降雪有多大影响。

星期三	星期四	星期五	星期六	星期日
15—30厘米	15—30厘米	10—20厘米		

闪电发生
的原因就是……
电子！
让你见识一下袜子和
绒毯的威力！

为什么你会有
绒毯？

这是我的
特权。
这样我播
节目时就可以
不穿鞋！

中子
质子
电子
氢原子
所有的微粒都是
由质子、中子还有电子
构成的。质子有正电荷，
中子有中性电荷，电子
则有负电荷。

同性电荷相斥，异性电荷相吸，就跟磁铁一样！

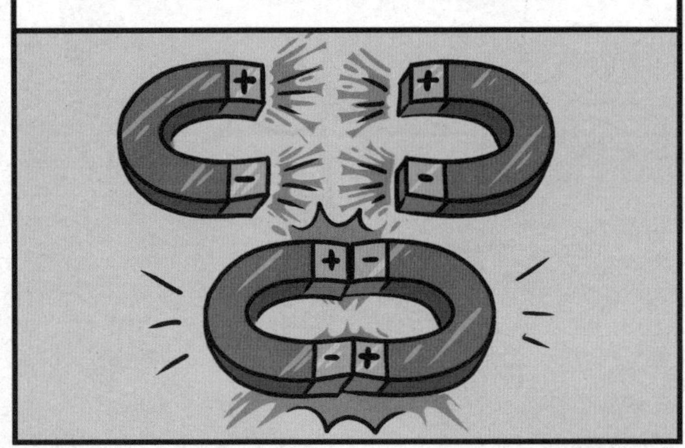

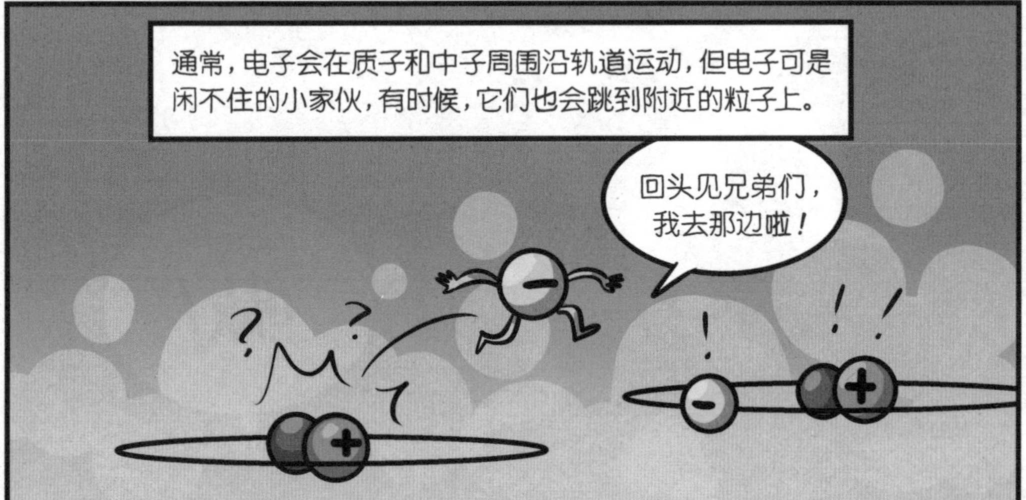

现在，多了一个电子的微粒变成了负电荷，还稍微重了一点。这个微粒会沉到云的底部，而失去电子的那个带正电荷的微粒则升到云的顶部。

电荷越积越多，直到足以让空气的绝缘能力失效……

嗷！
嚓！

在多数情况下，闪电只会在云中一闪而过。

有时闪电也会击中地面，也就是雷击。云底的负电荷与地面的正电荷之间具有一定吸引力，但是要克服空气的阻力，电子才能从云底流向地面。

正电荷也会通过地面向上移动，当正负电荷相会时，就出现了我们看见的闪电电流！

闪电的结构是不固定的，它们总会有很多分叉。闪电周遭的空气被加热，有时温度甚至高达27 000℃！这种极度的高温会在大气中造成冲击波。

这冲击波
致命吗？

不会的，
电压还不够。

即便人被闪电击中也有可能幸存，不过……
被温度比太阳表面还要高的闪电击中，烧伤和脑损伤都是大问题。

我的脑子不会已经受伤了吧？
谁能说得准？

现在我算不算完全
了解天气了？
算不上完全。
新闻
频道

基本了解。
基础的。

呃！
！

我还是不懂
全球变暖。
是啊，
诺曼，你还
没解释呢。

哦，抱歉，
首先，要描述这种现象，
“全球变暖”这种说法
并不准确。
“气候变化”
更精确些。
气候变化
全球变暖

我们计算出全球的平均气温，然后和以往的平均气温对比。这些年来，全球各地的平均气温都上升了。尤其是近些年，全球平均气温稳步上升。

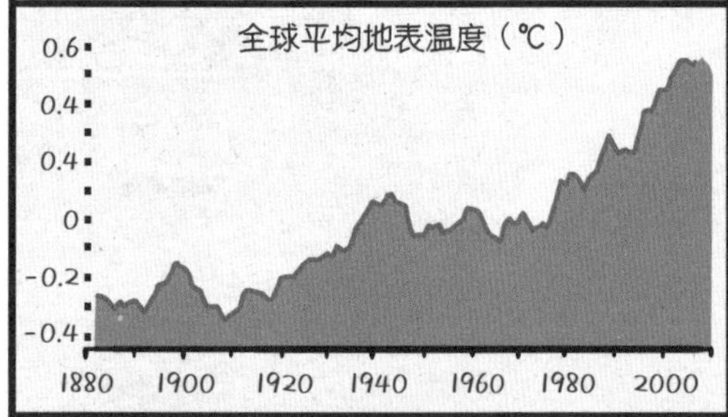

偶尔冬季里的一日高温也不意味着就是世界末日，因为我们知道这只是异常现象。但是，如果连续几年，每个月的气温都比平均气温高，这就是大问题。

如我们所知，人类的各种工业会将阻隔散热的化学物质排放到大气中。

物质分解会产生甲烷，比如填埋场的垃圾。而且，甲烷也是农业和畜牧业的附带产物。

二氧化碳是燃烧化石燃料和砍伐森林的副产品。所以我们开车或燃烧东西时会产生二氧化碳。

变得更热一点就
真的那么糟吗？和大
雪有什么关系？

当然，你所在的地区
刚刚经历了史诗级的降雪，
看起来暖和一点也不赖。
20XX年的超级大雪！

但放眼全球，平均气
温在升高，并且每年的平
均气温都会创下新高。
这种情况不仅出现在
美国三州地区，也包括位于
赤道的各国、两极地区，
以及所有其他地区。

大气层中多出来的
热量正在改变地球的气候
模式。气候的变化取决于
地区的差异。
比如？

海平面上升影响示意图
比如，生活在沿海低洼地区的人们就会非常担心家园被洪水淹没。因为，全球变暖后冰山开始融化，来自两极的冰山融水导致了海平面上升。

在另一些地区，全球变暖改变了气候模式，导致了干旱。随干旱而来的则是频发的自然火灾。

长期的暴雨或者热带风暴会引发洪水。如果风暴反复经过一个地区，也可能带来洪水。把一个原本在陆地上的区域瞬间淹没，这就是洪水的可怕之处。
小镇
欢迎您

洪水的起因并不一定是天气，地震等地质事件也会引发洪水。比如，近海地震就会引发海啸，海水会淹没这片沿海区域。

分水岭是划分区域的关键，水在那里被分开，流向河流或其他水体。

如果分水岭上空有大暴雨或有飓风经过，就会有大量的水一下子灌进这片区域，陆地无法吸收的水会从高地顺着斜坡流向低处。

在长达数千米的区域内，雨水随地形向下流，虽然水流的路线与往常相同，但这时的流量已经远超出了生态系统的承受能力。

大量的雨水冲刷着土地，一路上裹挟着砂石和泥土，甚至冲倒大量的树木，改变水流原本的流向，让事态变得更加复杂。

问题是， 我们设计房屋就是为了让它们能在一个地方尽可能立得久一点。所以，要是建房的地点发生什么，就麻烦了。

从播报的洪灾新闻就能发现，居住在洪泛区的人们受到的影响最大。洪泛区就是海拔较低并靠近水体的区域。

水深达到15厘米就能把人冲倒，还会让汽车熄火或失控。

而60厘米深的水就足以冲跑大多数车辆。

城市的地面不透水，雨水无法渗入土壤中，只要保持每小时3厘米的降雨量，不用多久就会出现问题。也就是说，在大楼、马路、人行道这些地方，雨水会越积越多，城市就会有被淹没的风险。

即便雨停了，洪水的风险也还存在，因为大量的水会从分水岭一路直下。

这次大雪过后，大量的融雪可能会导致城市的排水系统堵塞，如果不及时清理，就会造成内涝。

这仅仅是城区，洪水对农作物损害更大。

可植物生长需要水，洪水对植物来说是好事啊！

蔡斯，你记不记得我跟你讲过，仙人掌不需要天天浇水？你还是坚持每天浇水，结果你的仙人掌变黑了。

忘了。

而且，土壤被水浸透后会变软，植物的根无法支撑住植物本身的重量，它就会整个倒下去。

在土地连续几周或几个月被水浸透的情况下，就会发生泥石流。暴雨或融雪后都可能会发生泥石流。

甚至有时候，洪水会渗进坚硬的岩石层，并将岩石撑碎。

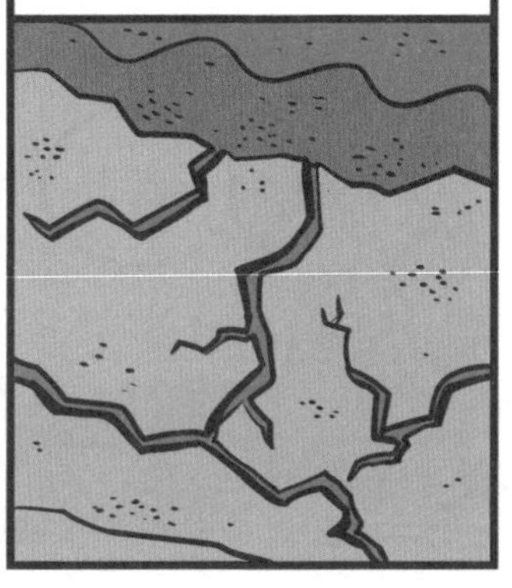

以往稳固的山体，再也顶不住强大的重力而崩塌，泥石流就发生了。
地震的小小震波……
工地的挖掘工作……
或是一块坠落的小石头……都能引发连锁反应。
泥石流会掩埋房屋，有时甚至会吞没村镇和部分城区。

其实，干旱同样具有十足的毁灭性。干旱的原因通常是长时间降水稀少或者完全没有降水，水可是万物之源。

没有水意味着植物也会枯死。无论对人类还是动物来说，干旱都是灾难。
你有水吗？我要渴死了。

干旱期间，很容易发生山火。

山火成了加利福尼亚州非常严峻的问题，而且发生的频率越来越高。不过，其他地方也会发生火灾。

人们以为气候模式会保持不变，并依据该地区的气候模式建造房屋。但是现在气候的变化改变了一切，人类得学会适应。

美国的一些中心城市也曾经遭遇洪水。短时间内，居民的私人财产和当地的商业都受到了严重的破坏，洪灾造成的经济损失高达数十亿美元。

在灾情特别严重的地区，电力、通信、交通、医疗等公共设施都会受到严重影响。这些都会给灾后的恢复工作制造阻碍。

即便地球时常被陨石撞击……

即便经历了极端的气候变化……
地球都挺过来了，它是个幸存者。

地球会绕着太阳一直一直转下去。

至少……能转到太阳变成红巨星的那一天！

呃……太阳变成红巨星是人类阻止不了的。
哇！
新闻频道
6

但我们还是可以做一些力所能及的事，比如可以通过节约电力和减少燃油使用，减少碳排放。

因为，就算地球能撑得过气候变化，但不是所有的地球生物都能承受住生存环境的巨大变化。

人类的正常体温约37℃，只需比正常体温高出2℃，我们就会非常难受了。

大多数植物和动物也只在特定的温度范围内才会感觉舒服，如果气温太高，它们就会死去。

即便动植物能够存活，居住地气候的变化也会对人类产生影响。当原本雨水充沛的地方发生干旱，人们就会发愁粮食供应的问题。

岛屿国家都很关注海平面上升，如果海平面继续升高，这些岛国就会被淹没。截至本世纪末，海平面可能会上升120厘米。气候变化可能会迫使岛国的居民不得不离开他们的家园。

甚至，连鱼类都要向北迁移，离开近海去往更深的水域。鸟类也飞往更凉爽的地方躲避高温。

光线通过小雨滴时会被折射或反射，可见光谱会分裂出从红色到紫色的7种颜色。

清晨出现的彩虹一般在西边，傍晚出现的彩虹一般在东边。彩虹最有可能在日出和日落时出现，空气中得有雨滴，但又不能太多，否则云会遮住太阳。

彩虹条件清单

- ☐ 天空西边（清晨）
- ☑ 天空东边（傍晚）
- ☑ 太阳（日出或日落）
- ☑ 别挡住太阳
- ☑ 小雨滴（不要云朵）

米利亚姆，
喷雾瓶借我
一下！

咻——
谢啦！

现在
……
?
!
新闻
频道
6

!
!

啊啊啊！
哇哦哦哦！

镜头拍到彩虹了吗？

没，只拍到你俩。

彩虹
观众朋友们，我和康妮拥有了定制小彩虹！

本期节目是第6新闻频道晚间10点档开播以来信息最多的一期！
没错！感谢诺曼！

谢谢你，康妮！
星期六
33
22

稍后回来，兰迪将为您播报体育新闻！

好朋友！
对了，有一猫一狗竟然成了最好的朋友，大家一定想听它们的故事吧！

就像咱俩，
对吧，诺曼？
嗯……
新闻频道6

呃……

没错，蔡斯，
就像咱俩。

现在，切广告！

①译者注：小朋友们别急着合上书，还有彩蛋哦！

—词汇表—

大气
介于某个行星表面与外太空之间，包住该行星的一层气体。

幡状云
落地之前就蒸发的雨水形成的云。

分水岭
将水分流排至河流、水库、盆地或海湾口等区域的山岭或高地。

干旱
若是一个地区没有降水的时间比平均的干燥时间更长，就叫干旱。

公转
按照固定轨道围绕另一个物体旋转。

洪泛区
经常发生洪水的地区。

华氏度（℉）
美国的标准温度计量单位。

极地
与北极或南极相关的区域。

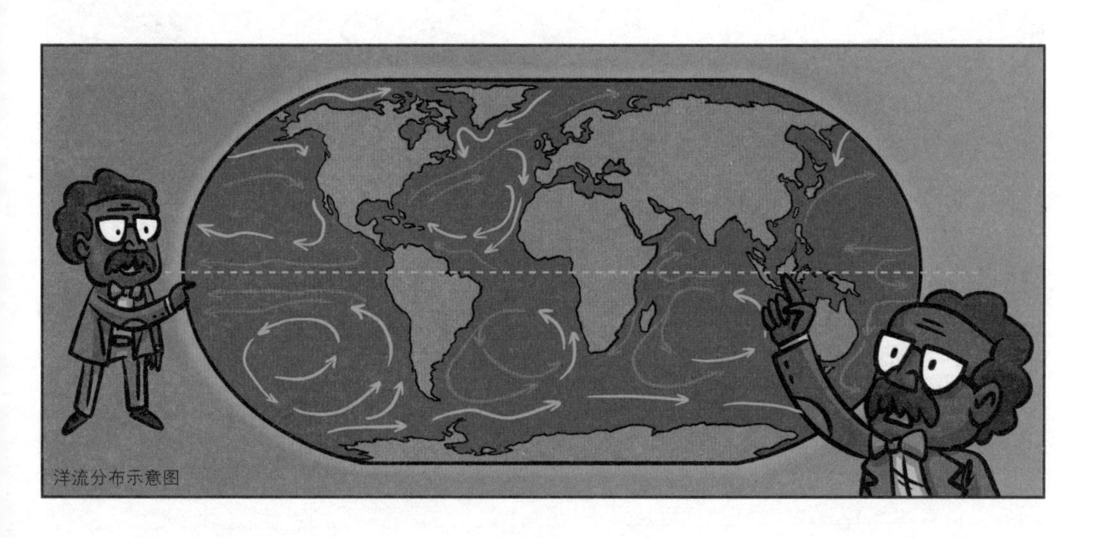
洋流分布示意图

降水
水蒸气凝结成水，再落在地球上。

结晶
物质硬化为坚硬的固体形态。

凝结
蒸气或气体变成液体。

气候
同一地区在一段时间内的平均天气状况。

气象学
针对天气研究的学科。

上升气流
向上的气流。

摄氏度（°C）
温度的标准科学计量单位。

生态系统
由相互作用的生物及它们的生活环境组成的共同体。

飓风示意图

天气
包括热量、湿度、风、降水和云层等情况的大气日常状况。

循环
液体或气体在一个空间内或围绕一个区域重复运动。

蒸发
液态转变成气态的过程。

蒸腾作用
植物释放水蒸气的过程。

轴
一条假想的线，球体以这条线为中心旋转。

—气 象 工 具—

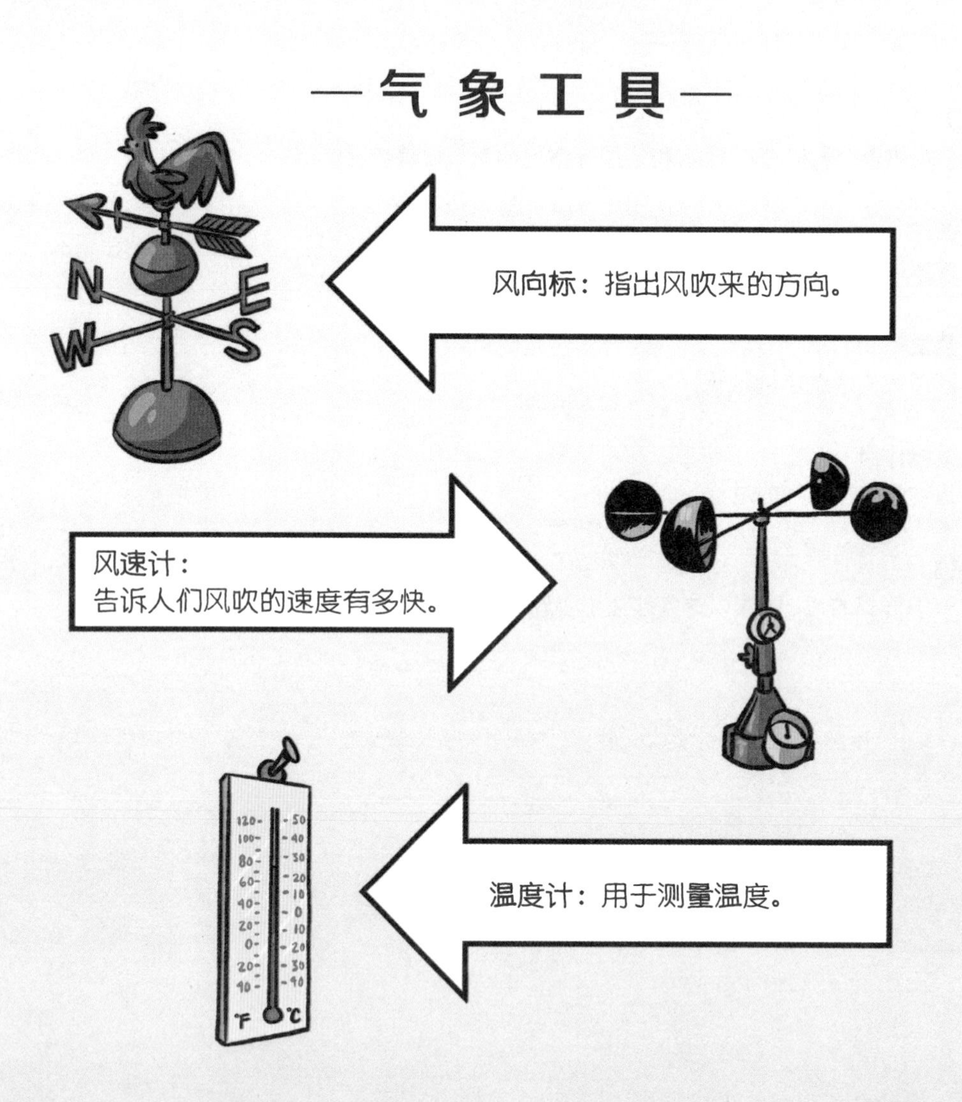

气象站：运用电脑程序，记录、监控天气数据。

气象浮标：漂在海上，为水手测量海洋气象数据。

湿度计：
测量气体中水蒸气的含量。

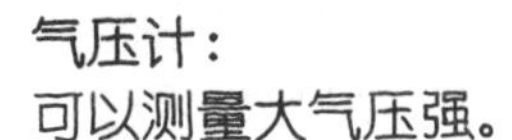

雨量计：
可以收集雨水，并告诉人们特定时间、地点的降雨量。

气压计：
可以测量大气压强。

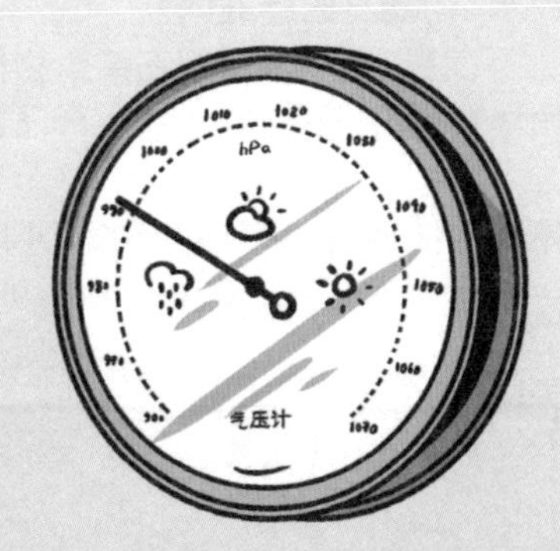

雷达：可以给我们展示云层里发生了什么变化。

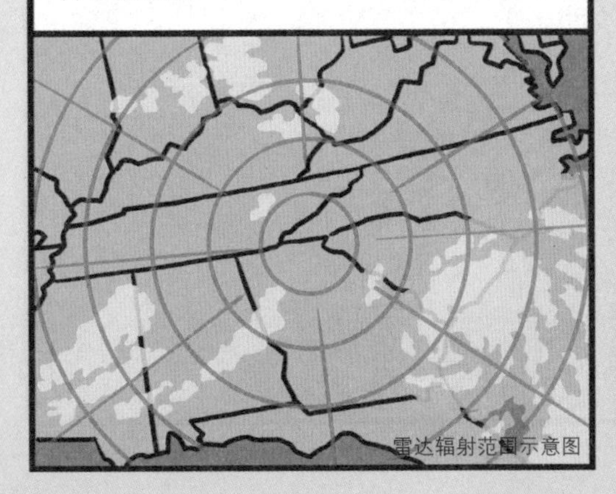

雷达辐射范围示意图

卫星：可以在太空中观测气温、风和湿度，给我们提供关于云层以及云层动向的详细情况。

卫星工作方法示意图

—疯狂天气误区大揭秘！—

揭秘人：气象顾问 艾莉西亚·瓦苏拉

天气潮湿时，会因为空气太“重”而打不出本垒打吗？

不会！潮湿的空气含有大量水蒸气，其实水蒸气比大气中的其他气体的密度低。所以，从理论上讲，相较于干燥的天气，潮湿的天气更有可能打出本垒打。然而，不只是空气，海拔高度也很重要，高海拔的球场空气更稀薄。比如，位于美国科罗拉多州的库尔斯球场就建在山上，在这个球场打出的本垒打比其他球场多得多。

雷暴天气躲在车里安全吗？

是的，不过原因可能跟你想的不太一样。人们都认为汽车轮胎中的橡胶能在汽车遭到雷击时起到绝缘作用。而事实上，是因为汽车的金属框架与法拉第笼一样，基本上将全部的电流挡在了车外，只要不触碰框架的金属部分，那么，坐在车里的人就不会被闪电击中。

“纯水”雨滴真的存在吗？

不存在！每一滴雨都在某个物体的表面形成，这个物体就是核。雨滴的核是微小的固体颗粒，比如灰尘、海盐、沙子甚至小虫子！

“不确定性锥”能表现飓风的大小吗？

不能！如图所示，2017年预测飓风玛丽亚的行动轨迹时，用这幅“不确定性锥”图

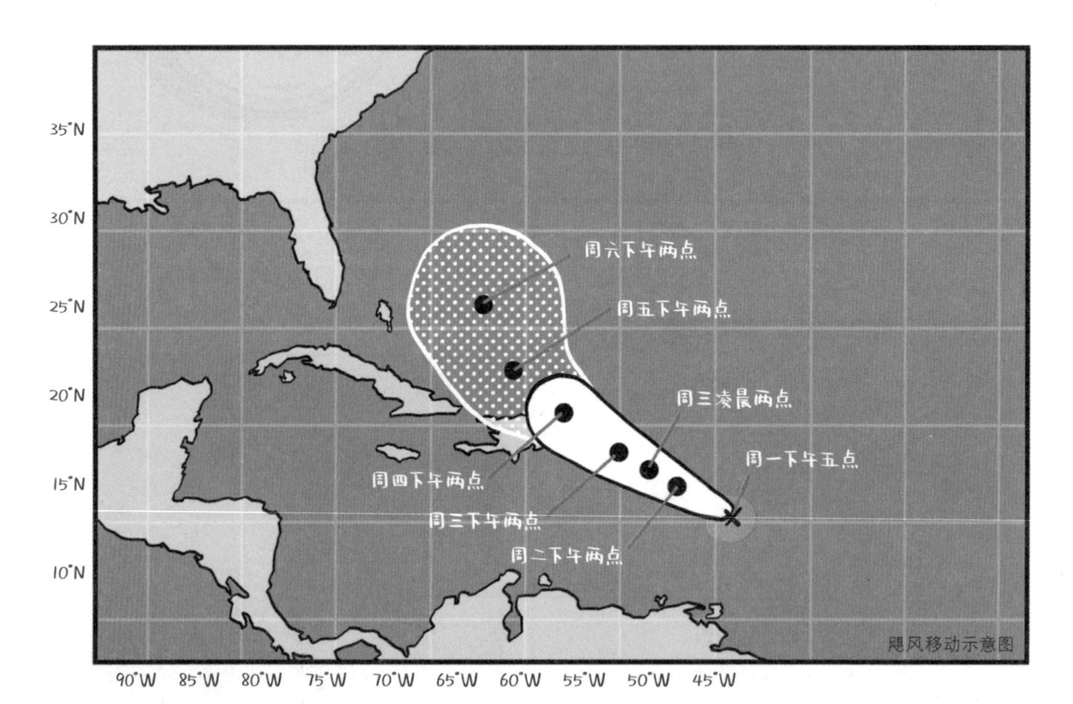

飓风移动示意图

来表现风暴中心可能的移动轨迹范围。预报的时间跨度越长，圆锥就越宽，预测出的飓风移动轨迹范围越大。所以，即使身处圆锥范围之外，我们也可能受到风暴影响，飓风可能会从轨道的中心向外延伸。

龙卷风来袭时，我应该打开窗户来平衡屋内的气压吗？

当然不能！如果在龙卷风或风暴来袭时打开窗户，砖瓦碎片等东西就会飞进房子里，这些东西会砸伤房子里的人。龙卷风来袭时，最安全的做法就是躲到一个房门朝内、没有窗户的屋子里。

奶牛躺下是因为它预测到了即将下雨吗？

也许是，但也很难说。因为和人类一样，奶牛躺下的原因有很多，可能只是休息。奶牛又不能告诉我们它为什么躺下。

双彩虹出现时，两个彩虹一模一样吗？

我们看到双彩虹时，内部的彩虹颜色排列更为常见，外层是红色，向内依次是橙色、黄色、绿色、蓝色和紫色。在不太常见的外部彩虹，颜色的顺序则相反，它的外侧是紫色的！

我的足球教练说，在干热的环境中踢球比在湿热的环境中踢球更危险。他说得对吗？

教练说得没错！在干燥的日子里，汗水更容易从皮肤上蒸发，如果你喝的水不够，身体就会更快脱水。然而，在潮湿的日子里，汗水蒸发得没那么快，你还是有可能出现体温过高的问题。所以，如果天气炎热时在户外活动，一定要补充足够的水分，还要注意休息。

—疯狂天气误区大揭秘继续！—

我爸爸把盐撒在结冰的车道上，说盐会把冰化掉。这是什么原理呢？

其实，从技术角度讲，盐并不会让雪化掉。当我们把盐撒在结冰的路面之后，盐会慢慢溶解到冰里，成为盐水，盐水的冰点比淡水的冰点（即0℃）要低得多，能更长时间保持液态。所以，即便温度降到0℃，路面也不会结冰。

闪电能重复击中同一个地方吗？

虽然人们普遍认为闪电不可能重复击中同一个地方，但是现实却并非如此。位于高处的地点容易遭到雷击。美国的帝国大厦就经常被闪电“光顾”！

雨滴落下的时候真的像眼泪吗？

液态雨滴落时，并不是眼泪的形状，这不符合空气动力学，很意外，对吧？当雨滴落下时，空气阻力会将雨滴的中心上推，这会让雨滴看起来像个汉堡面包。最后，空气阻力足够大时，雨滴就会分裂成更小的水滴，而且，这个过程会不停重复。

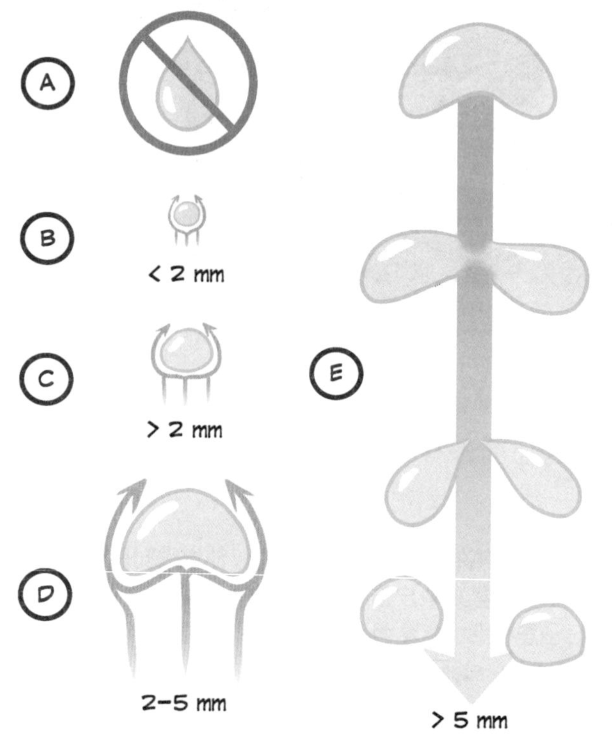

不同尺寸的雨滴

A 跟大多数人以为的不同，雨滴的形状并不像眼泪。

B 非常小的雨滴几乎呈球形。

C 尺寸更大的雨滴会因为空气阻力的作用，底部变成扁平的，就像汉堡面包一样。

D 雨滴越大，受到的空气阻力也就越大，因为阻力的作用，雨滴的形状开始变得不稳定。

E 特大号的雨滴会因为空气阻力的影响，分裂成更小的雨滴。

再一起做个计划：如果需要紧急撤离，大家该去哪里。

整理一份应急联系人清单，联系人的工作电话号码或学校的电话号码也要写在上面。

请家里的大人存档重要信息，包括银行账号、保险单以及身份证明。

准备好急救包，在家里储备一些不易变质的食品和瓶装水。

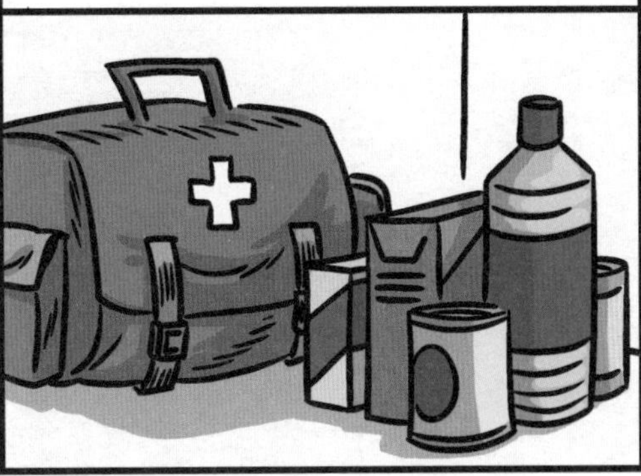

最后，再为必需品做一份疏散打包清单，比如尿布、宠物用品、药物还有提前准备好的食物。

主动去了解各种灾难，比如火灾、干旱、龙卷风、海啸、飓风等，学习应对措施！甚至是如何应对太空天气！

你可以跟家人讨论可能碰到的灾难，再制定好计划，就有备无患啦！

啊！聊到防灾计划，我放心多啦！